跟博物绘本大师 郊游去！

盛口满

大自然太有趣啦

森林里面有什么？

土壤之中有什么？

带翅膀的小松球

一颗橡子掉下来

 中国工信出版集团

 电子工业出版社
PUBLISHING HOUSE OF ELECTRONICS INDUSTRY
http://www.phei.com.cn

盛口满

1962 年生，毕业于日本千叶大学理学部生物专业，冲绳大学人文学部教授，现任冲绳大学校长。日本著名的博物学家、插画家、自由创作人，绰号"螳蜥先生"，同时也是当今日本活跃的生物记录作家。他的作品有很多已经在国内出版啦！其风格细致写实、充满生机、贴近自然，在科普作家中独树一帜，成为深受家长和孩子喜爱的自然博物大师。

盛口满寄语

关于橡子……

在我出生的千叶县南部地区，最容易捡到的是日本石柯的橡子。捡拾收集这些橡子，是我从小就特别喜欢做的事，甚至因为捡的太多了而被妈妈骂过。妈妈曾经问我："为什么捡那么多橡子呢？"然而，在那个时候，我自己也不知道其中的原因。现在回想起来，我觉得我并非是任意捡了很多橡子，而是因为大自然中橡子的种类太多了，所以我也越收集越多。简而言之，就是因为橡子有丰富的多样性。

不仅仅是种类多样，即便是属于同一种类的橡子，它们每一颗的颜色和形状也不一样。

当然，这其中也有被昆虫和其他动物啃咬的原因。

当你看到这些差异，你就不会觉得惊讶，为什么我至今还沉迷于各种各样的橡子。

盛口满

谷本雄治

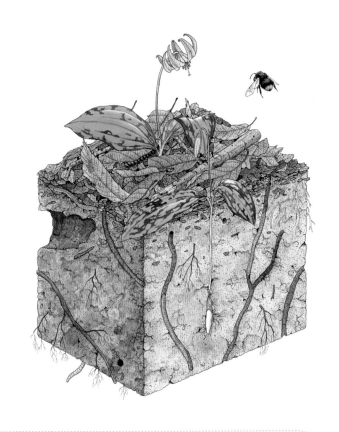

1953 年生于日本。他是小型生物研究者，喜欢饲养、观察虫子，出版过很多相关科普作品。在本系列中，他是《森林里面有什么？》和《土壤之中有什么？》的文字作者。

谷本雄治寄语

关于土壤……

　　离我家前面不远，有一片小的杂木林，树木和野草自然地生长，吸引来了不少虫子和鸟儿。早春发芽的时节，盛夏嫩叶的季节，秋季树叶凋零之后……这里的景色各不相同，令人赏心悦目。

　　而支撑着那片杂木林保持生机盎然的力量就是生活在地面和泥土中的生物们。有很多是隐藏在落叶下面的、毫不起显眼的微小生物种类，稍不注意的话就会错过。然而，如果没有这些生物的话，落叶以及动物尸体等就永远也不会腐烂，会在地面上一天天地堆积。我们用显微镜才能看到的微生物和其他生物会依次进行分解、再分解，将地面堆积的废弃物最终又返还给土地。结果就是：杂木林的土壤中平衡地储存着氮、磷、钾等植物所需营养物质。也就是说，由于各种生物的帮忙，土壤才能产出品质优良的"肥料"。植物吸收了这些"肥料"就会逐渐发育壮大，杂木林也才能绵延不绝。

　　如果不是对土壤有专门研究，即使是像独角仙、蚯蚓和甲虫一样常见的生物，估计也不太清楚它们与泥土的制作有怎样的关联。《土壤之中有什么？》这本书就生动有趣地介绍了那些制作土壤的代表性生物和它们的劳动过程。

　　如果你和爸爸妈妈一起去杂木林里的话，请一定注意脚下，那里应该有很多等待你寻找的小家伙。如果那个时候这本书有帮到你的话，哪怕是一点点儿，我都会非常高兴。

谷本雄治

当人们走进一片郁郁葱葱的森林时，首先注意到的，一定是那满眼的绿色。在你感叹这片森林充满活力的时候，可曾想到，是谁在担负起日常的"维护"工作、保证这片森林能正常运行、源源不断地传递给人们绿色能量呢？而这片森林中除了植物之外，谁还是这里的土著居民？它们又与森林有着怎样的联系呢？答案其实随处可见，只不过被隐藏了起来。我很荣幸受电子工业出版社的邀请，审阅了《盛口满 大自然太有趣啦》这套书中《森林里面有什么？》《土壤之中有什么？》两册书。现在，让我和小读者们一起揭开森林中隐藏的奥秘吧！

在《森林里面有什么？》和《土壤之中有什么？》这两册书中，头号主角就是家族成员有 150 万种、占据了地球上已知生物种类 75% 的超级生物——昆虫。从巍峨的高山到浩瀚的海洋，从炎热的沙漠到湿润的雨林，都能见到它们的身影。就像书中提到的那样：叶片上，毛毛虫会留下啃食过的痕迹；花朵中，一只花金龟可能正埋头美餐；树洞里，天牛幼虫正在开掘迷宫……

如果你以为昆虫只是在向森林索取的话，那可就错了，它们与森林的生存有着密不可分的联系。正如你在书中看到的那样，瓢虫专门负责收拾给植物制造麻烦的蚜虫；粪金龟清理掉动物留下的粪便；就连令人讨厌的蟑螂，都能够将枯枝落叶吃掉，并转化成"肥料"滋养森林。在这套书中，一幕幕昆虫与大自然"互动"的场景，都被生动的记录和描绘了下来，仿佛你也置身于其中，用自己的眼睛去捕捉这些你身边的画面。

2021 年 10 月 15 日，《生物多样性公约》缔约方第十五次会议（COP15）第一阶段会议，在我国云南省昆明市落下帷幕，"保护生物多样性"成为了人们关注的焦点之一。昆虫作为地球上种类最为庞大的一类生物，其多样性自然不言而喻。但也许是因为昆虫太过常见，许多对昆虫不了解的人觉得它们都"长得差不多"，对于昆虫的生死存亡更是很少有人关注。其实地球生命的生生不息，与昆虫有着密不可分的联系。昆虫是许多野生植物和农作物的"指定"传粉者，正是有了它们，这些"虫媒"植物才能繁衍后代，为自然界、为人类创造价值。昆虫也是许多动物的食物，养活了地球上大批的生灵。昆虫还是自然界的分解者，将动物粪便、尸体和腐朽的植物"变废为宝"，分解为养料孕育勃勃生机。

我们的身边不缺昆虫，缺少的是欣赏它们的眼睛及对探究它们的好奇心。《盛口满 大自然太有趣啦》所为你展示的，虽然只是昆虫世界一个极其微小的缩影，但由衷地希望你在看完之后，能够为昆虫对自然界做出的贡献点赞，为它们顽强而智慧的生活喝彩。让我们不再漠视昆虫的生命，愿昆虫家族继续演绎精彩。

常凌小
北京自然博物馆 博士后

盛口满 大自然太有趣啦
森林里面有什么？

［日］谷本雄治 著　［日］盛口满 绘　郭昱 译　常凌小 审

电子工业出版社
Publishing House of Electronics Industry
北京·BEIJING

森林里充满生机。

虫子、小鸟和野兽都在森林中取食，使用森林的资源，同时也回馈森林。森林就这样逐渐壮大着。

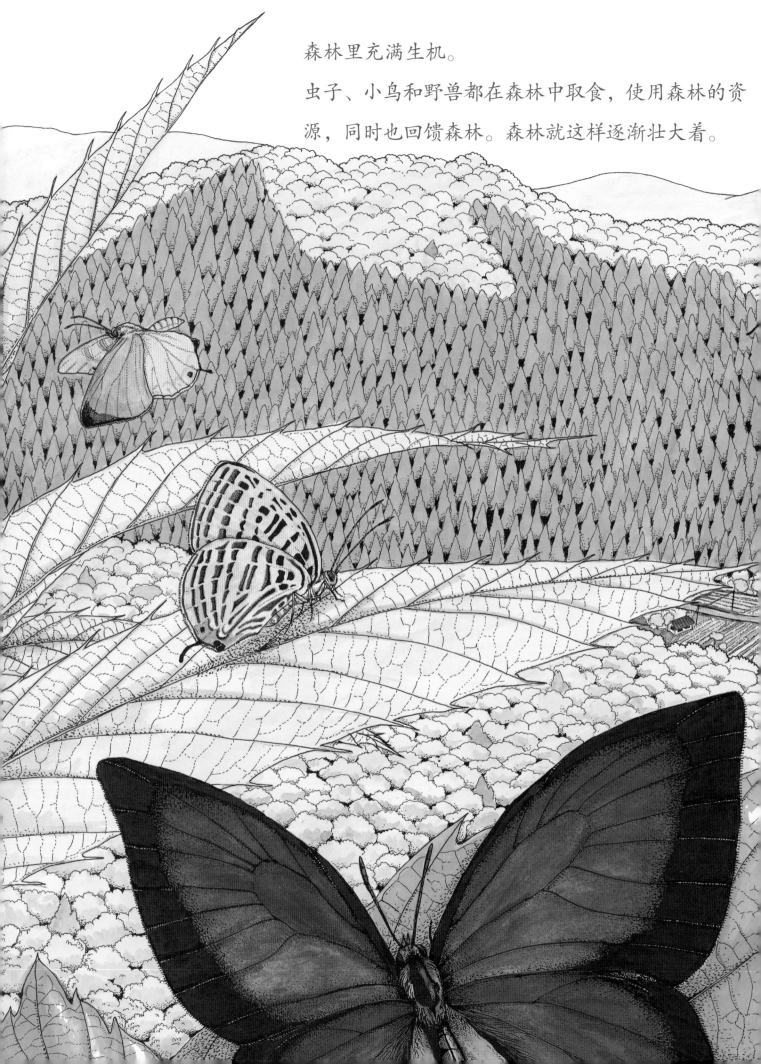

而正因为有如此多的生物，森林才有森林的样子。

白天的烟火

花开了，花开了，花蕾打开了。

像在白天点燃的烟火。

虫子们聚集起来，在这里、在那里吸食花蜜。

有花就有虫，有虫才有花。

● **栎树花**

麻栎和枹栎借助风来传播花粉。

麻栎的雌花

这棵麻栎的雌花在去年已经盛开，而它要等到今年才能结出橡子。

早春时节，麻栎就已含苞待放了。

枹栎的雌花

麻栎的雄花

枹栎的雄花

枹栎所结的橡子在长大。

●日本栗花

日本栗 6 月盛开的花朵吸引来各种小昆虫。

"沙拉"季节

沙沙沙，咔嚓咔嚓……

蝗虫、叶甲、毛毛虫、烟青虫……各种以树叶为食的"素食主义者"齐聚一堂。虽然昆虫会给树叶留下啃食的痕迹，但总有一天它们会运送花粉来向植物报恩，如果没有一不小心成为鸟类的美餐。森林万物之间的联系总是无处不在。

● **以树叶为食的各种叶甲虫** ×6

（不同种类的叶甲虫喜欢吃的植物不同。）

片栗细角跳甲 ○ 6.5mm

（姥百合）

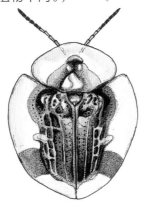

淡边尾龟甲 ○ 7mm

（日本紫珠）

铜绿里叶甲 ○ 8mm

（枹栎）

赤颈细负泥虫 ○ 10mm

（菝葜）

钝突隐头叶甲 ○ 6.5mm

（日本栗）

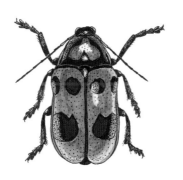

黑斑隐头叶甲 ○ 6mm

（日本栗）

近隐头叶甲 ○ 5mm

（枹栎）

火红角胫叶甲 ○ 5mm

（多花紫藤）

多瘤瘤叶甲 ○ 2.8mm

（枹栎）

柳蓝叶甲 ○ 4mm

（柳树）

黄绿刺铁甲 ○ 4mm

（枹栎）

杂色龟甲 ○ 4.5mm

（樱树）

警卫员

聚集在一起的蚜虫是一帮欺负森林的淘气鬼。它们不仅吸食树汁，还给植物带来疾病。幸好还有瓢虫和食蚜蝇，蚜虫的数量才不会增长得太快。只要有这些小小"警卫员"在，森林就能健康地成长了。

■ **以植物为食的瓢虫**

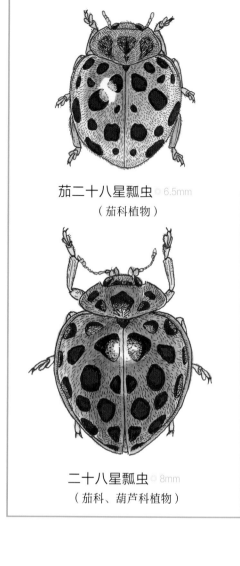

茄二十八星瓢虫 ○ 6.5mm
（茄科植物）

二十八星瓢虫 ○ 8mm
（茄科、葫芦科植物）

● **各种瓢虫**
（不同种类的瓢虫喜欢吃的食物不同。）

×6

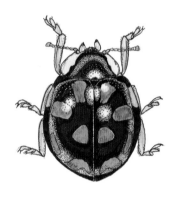

异色瓢虫 ○ 6mm
（蚜虫）

七星瓢虫 ○ 7mm
（蚜虫）

异色瓢虫 ○ 6mm
（蚜虫）

十四星裸瓢虫 ○ 5mm
（蚜虫、木虱）

平谷巧瓢虫 ○ 4mm
（具体食物是什么尚不明确）

四星瓢虫 ○ 3.5mm
（蚜虫）

龟纹瓢虫 ○ 4mm
（蚜虫）

黄瓢虫 ○ 4mm
（白粉菌等）

树叶背面是食蚜蝇的
若虫，以蚜虫为食。

一些种类的草蚁会吸食蚜虫从肛门
排泄出的含糖液体——蜜露。

藏身之所

草木的叶子是昆虫喜爱的藏身之所。卷
一卷，涂一涂，再把叶子贴在一起……
如果能隐藏好，昆虫就安全了，而且
叶子还能作为幼虫的佳肴。
昆虫的智慧真是了不起。

空中道路

森林中的树枝在空中搭建成了便利的道路，有茶色的，有绿色的，谁都可以自由选择。

为了到达旁边的叶子，昆虫们各有各的方法。有的会悬挂着丝向下，有的会径直地跑过去，在疲惫的时候稍加休息。如果有危险的敌人靠近，某些昆虫还会伪装成道路的一部分。森林里的树和树之间总有很多空中道路把它们连接在一起。

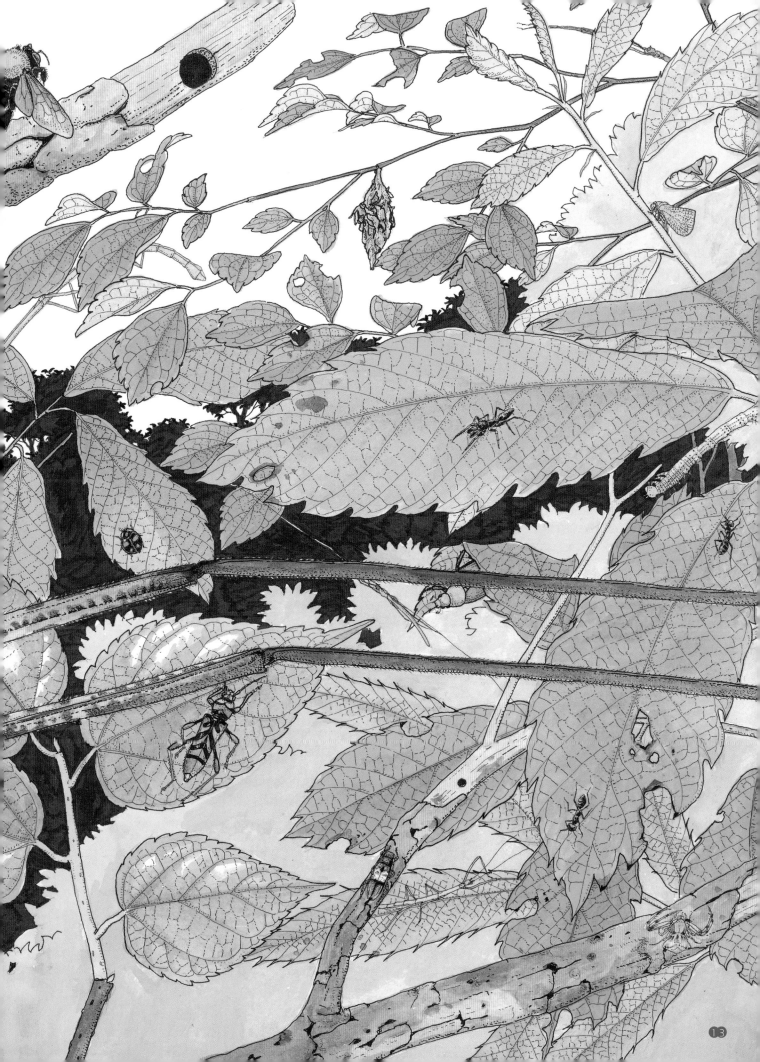

树木的"外套"

森林里的树木，喜欢打扮，它们穿着各种颜色和花纹的"外套"，有的表面粗糙，有的凹凸不平，触感也各不相同。各种昆虫会在树木的表面蜕皮，先钉住脚，再用力站住，然后开始蜕皮直到完全蜕掉外骨骼，最后变成成虫。

在树木的外套下摆，如果你轻轻地翻过一片落叶，就会发现这里潜伏着许多等待蜕变的蛹。再仔细一看，树木的外套上也有不少紧紧抱住树木的昆虫。树木的外套是如此温柔，让很多生物得以一直依赖着它生长。

● **森林里发现的虫蜕**

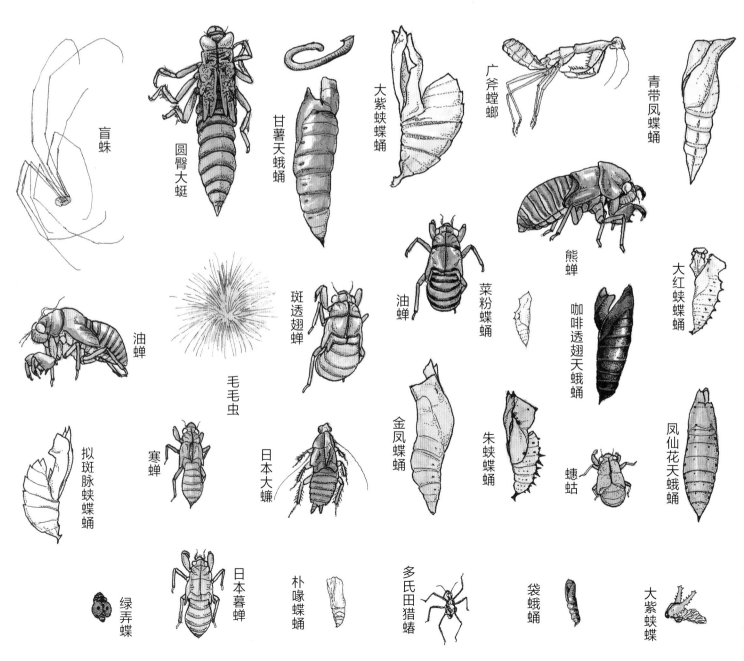

盲蛛

圆臀大蜓

甘薯天蛾蛹

大紫蛱蝶蛹

广斧螳螂

青带凤蝶蛹

熊蝉

斑透翅蝉

油蝉

菜粉蝶蛹

大红蛱蝶蛹

咖啡透翅天蛾蛹

油蝉

毛毛虫

金凤蝶蛹

朱蛱蝶蛹

蟪蛄

凤仙花天蛾蛹

拟斑脉蛱蝶蛹

寒蝉

日本大蠊

绿弄蝶

日本暮蝉

朴喙蝶蛹

多氏田猎蝽

袋蛾蛹

大紫蛱蝶

"伐木者"的家

在森林里，枯萎倒下的树木总是会被各种生物利用。它们啃咬、粉碎或分解枯树，清理枯树所遮盖的地面。沉睡的植物种子们才得以受到阳光照射而苏醒过来。

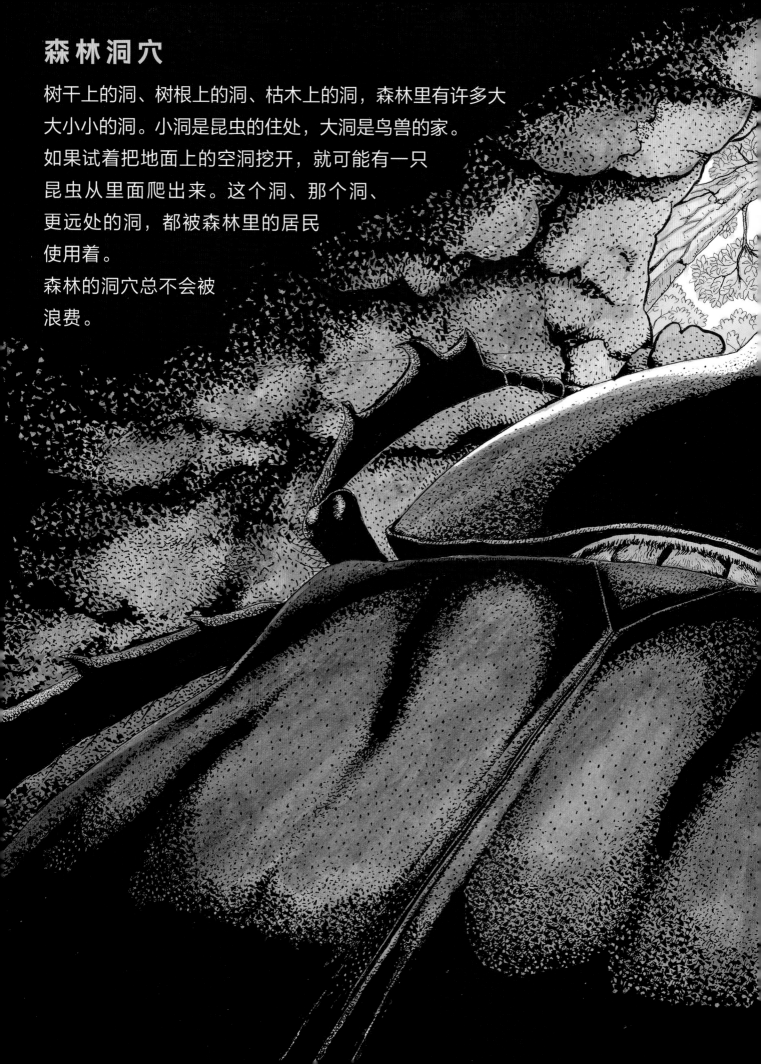

森林洞穴

树干上的洞、树根上的洞、枯木上的洞，森林里有许多大
大小小的洞。小洞是昆虫的住处，大洞是鸟兽的家。
如果试着把地面上的空洞挖开，就可能有一只
昆虫从里面爬出来。这个洞、那个洞、
更远处的洞，都被森林里的居民
使用着。
森林的洞穴总不会被
浪费。

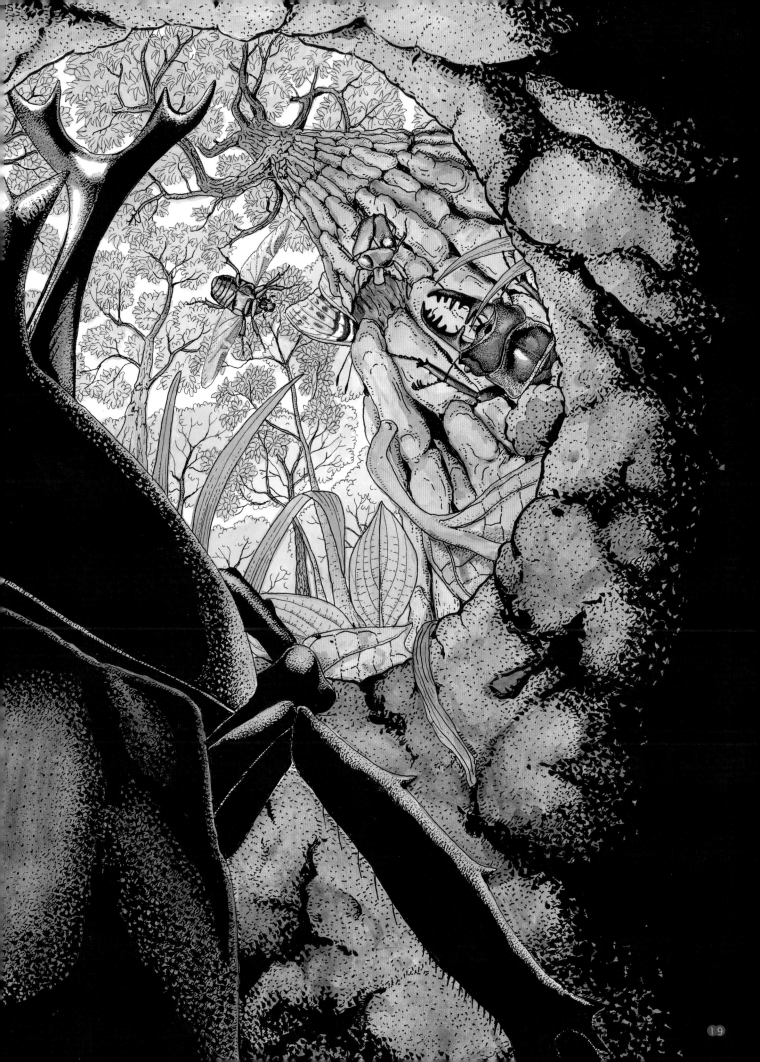

夜间盛会

与往常一样，今夜森林中的盛
会也如期而至。

树汁酒吧非常热闹，许多爱喝
树汁的昆虫都聚集过来。

即使在夜晚，森林也为昆虫们
带来恩惠。

当然，饱饮过的昆虫们没有忘
记自己的工作，比如传递花
粉、切碎枯木，大家都为了森
林而辛勤忙碌。森林也仿佛是
为了犒劳大家，每天都开启热
闹非凡的夜间盛会。

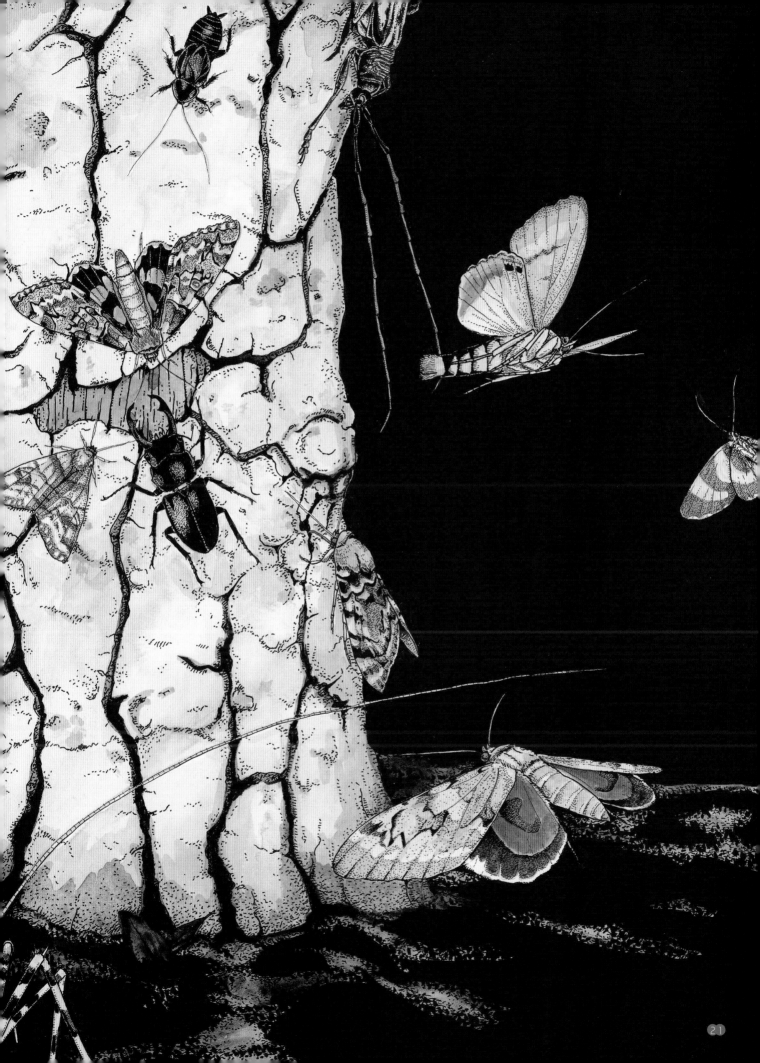

柞栎象鼻虫

剪枝橡实象鼻虫

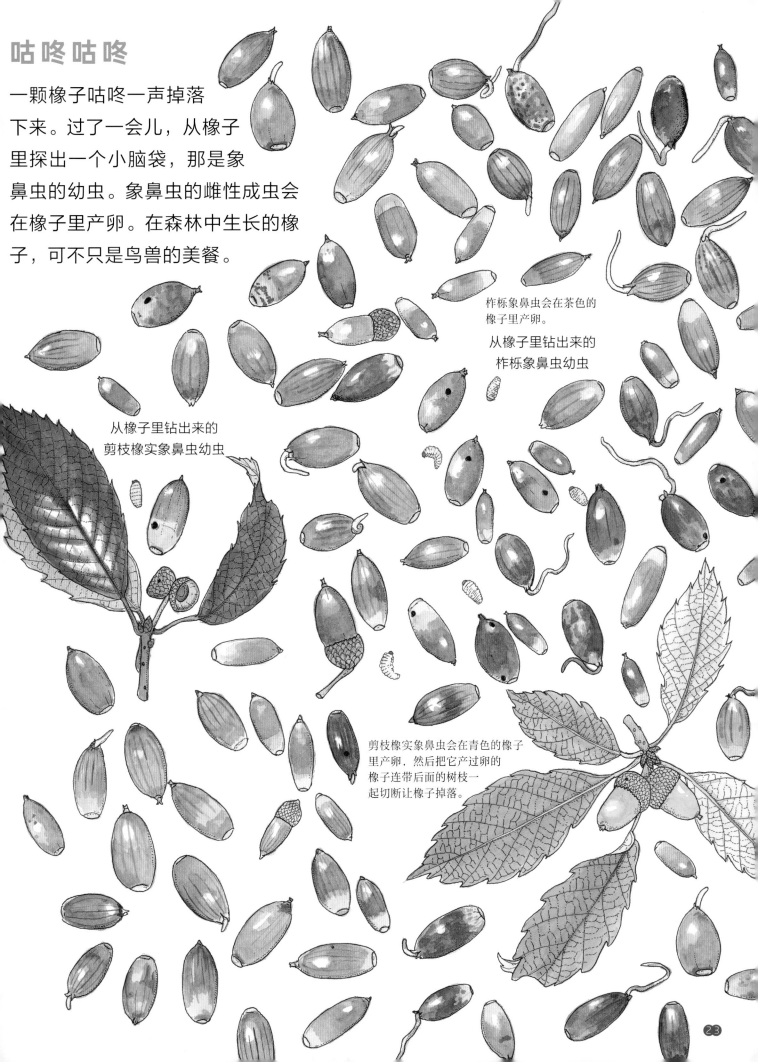

咕咚咕咚

一颗橡子咕咚一声掉落
下来。过了一会儿，从橡子
里探出一个小脑袋，那是象
鼻虫的幼虫。象鼻虫的雌性成虫会
在橡子里产卵。在森林中生长的橡
子，可不只是鸟兽的美餐。

柞栎象鼻虫会在茶色的
橡子里产卵。

从橡子里钻出来的
柞栎象鼻虫幼虫

从橡子里钻出来的
剪枝橡实象鼻虫幼虫

剪枝橡实象鼻虫会在青色的橡子
里产卵，然后把它产过卵的
橡子连带后面的树枝一
起切断让橡子掉落。

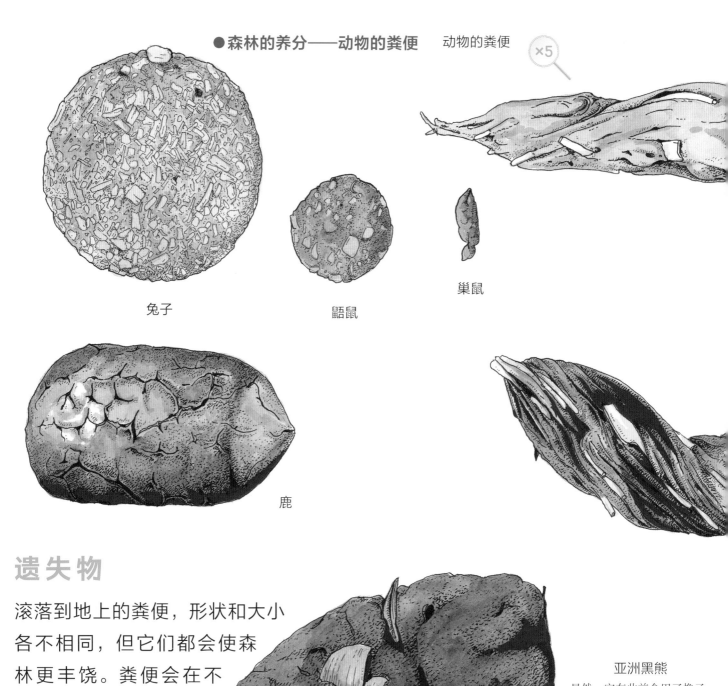

×5

巢鼠

兔子

鼩鼠

鹿

亚洲黑熊
显然，它在此前食用了橡子

遗失物

滚落到地上的粪便，形状和大小各不相同，但它们都会使森林更丰饶。粪便会在不久的将来成为肥料，变成养育森林的营养。然后以各种形式滋养它们原来的主人。

鼬

狐狸

亚洲黑熊
它食用了灰叶稠李的果
实，并把不能消化的种
子排了出来。

情报胶囊

粪便像是塞满了各种情报的胶囊。虽然里面包含的东西已经七零八落，但是它的主人吃了什么，吃了多少，都可以通过它来推断。如果收集粪便并调查到足够多的信息，还能诊断森林是否健康。

现在，请你仔细观察，思考下面这些东西之间的关联，慢慢解开"情报胶囊"的秘密。

不要急，森林不是一天长成的，我们的时间也很充裕。

● 貉的粪便里的虫子和种子

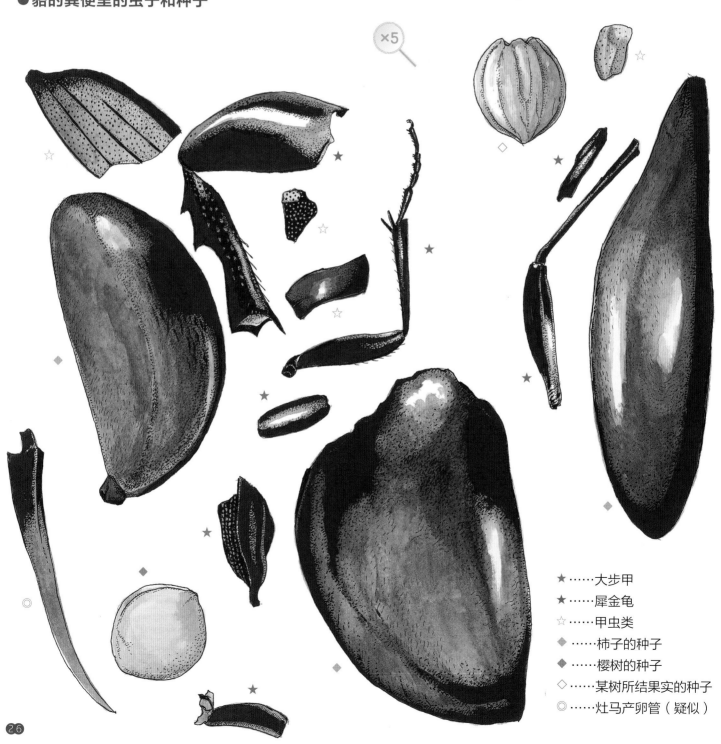

★……大步甲
★……犀金龟
☆……甲虫类
◆……柿子的种子
◆……樱树的种子
◇……某树所结果实的种子
◎……灶马产卵管（疑似）

生命的搬运工

老鼠叼着橡子，急急忙忙；蚂蚁扛着草木的种子，具体
要送到哪里，在到达之前并没有明确的目的地。
森林里只要有搬运工，生命的延续就永不会停止。